AF509091

# Essai

SUR LA CULTURE

## DU RIZ SEC DE LA CHINE

(RISO SECCO CINESE.)

# ESSAI

SUR LA CULTURE

## DU RIZ SEC DE LA CHINE,

( RISO SECCO CINESE ),

*Traduit de l'Italien du Docteur R. Gussone,*

DIRECTEUR DU JARDIN BOTANIQUE DE SA MAJESTÉ LE ROI DE NAPLES,

A BOCCADIFALCO (SICILE.)

———

*Naples 1826.*

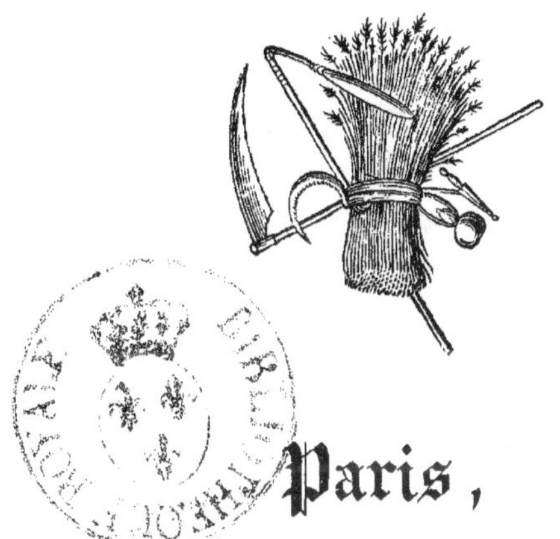

## Paris,

IMPRIMERIE DE GAULTIER-LAGUIONIE,

HÔTEL DES FERMES.

MAI 1827.

# ESSAI

SUR LA CULTURE

## DU RIZ SEC DE LA CHINE

(RISO SECCO CINESE.)

Depuis long-tems, les agriculteurs de différents pays ont fait mention, dans leurs ouvrages, du bénéfice que l'on pourrait retirer de la culture du riz connu sous le nom de Riz sec de la Chine (Riso secco Cinese), par lequel ils entendaient une variété du riz commun de marais, qui n'avait besoin que d'un arrosement modéré pendant le temps de sa végétation. Il y a environ six ans que ce végétal a été introduit dans l'Italie septentrionale, et quelques agronomes de ce pays ont également vanté ses grands avantages. Il se trouve une petite notice dans le *Calendrier de l'Agriculteur*, imprimé à Palerme il y a deux ans, relative à une expérience faite avec une petite quantité de semence de cette plante. Ensuite, et grace aux soins de notre souverain, qui avait fait venir une quantité suffisante de ce riz, dans la vue de l'introduire dans le royaume, on fit des expériences plus étendues et plus variées sur sa culture aux

châteaux royaux de Caserta et de Boccadifalco,
près Palerme : mais avant d'informer le public de
ce qui a été fait, on a cru nécessaire de réitérer
les expériences. Les résultats heureux obtenus
dans les essais de culture qu'on a faits sur une
plante qui peut devenir une branche importante
de l'industrie de notre royaume, méritaient d'être
publiés par la presse, et il était de notre devoir
de faire connaître que ces nouvelles richesses ru-
rales avaient pris naissance par les soins paternels
du roi. Je me bornerai, dans ce court aperçu, à
exposer les méthodes suivies pour ces cultures, la
réussite de divers essais faits auxdits châteaux
royaux et dans d'autres lieux du royaume ; et
enfin, sans entrer dans des théories souvent erro-
nées, je déduirai de ces faits les règles que de-
vront observer, pour la culture du riz sec, ceux
qui voudront l'entreprendre.

En l'année 1824 on fit, pour la première fois,
une expérience avec quelques onces de semence
de riz sec de la Chine ; mais comme une partie de
cette semence était trop vieille, et qu'une autre
partie n'était pas parvenue à son degré de maturité, il ne germa pas entièrement, malgré tous
les soins que l'on prit. Après cette première ten-
tative infructueuse, Sa Majesté ayant ordonné de
réitérer les expériences, on fit venir de Milan
quelques livres de ce riz qui fut destiné à être
cultivé en partie dans la ferme particulière de Sa
Majesté, au château royal de Caserta, administré

par M. Dominique Landi, membre de la société d'agriculture de la terre de Labour, et en partie dans celle de Boccadifalco, administrée par M. le marquis don Henri Forcella, assisté, pendant mon absence, par M. don Guillaume Gasparino, mon adjoint. Enfin d'autres petites quantités furent distribuées à quelques propriétaires intelligents.

On choisit pour cette culture, au château royal de Boccadifalco, un champ entièrement dépourvu d'arbres, argileux, calcaire, de bonne qualité, presque uni et exposé au nord-est. On sema, le 10 avril 1825, dans un *tomolo* de ce champ, mesure équivalant à 21,316 palmes carrées de Sicile, huit livres ( de douze onces ) de riz sec de la Chine, après avoir fait tremper les semences dans de l'eau commune pendant vingt-quatre heures; ce champ avait été employé l'année précédente à la culture du maïs. On n'avait fait aucun labourage dans l'automne; seulement il avait été labouré de nouveau au commencement de mars, et bien fumé, parce qu'il devait servir à un autre usage. Ledit *tomolo*, après avoir été labouré et purgé de toutes les mauvaises herbes, fut divisé en six grands compartiments subdivisés en d'autres plus petits entourés d'une petite digue, chacun de vingt-cinq palmes carrées environ, que l'on pouvait arroser facilement. Le riz fut semé à la volée dans deux des grands compartiments, dans deux autres par fosses, et dans deux autres par sillons, et ensuite le tout fut légèrement couvert de terre avec la herse, et aplani comme on a coutume de faire pour le maïs. Après avoir semé le riz, on arrosa le terrain abondamment, et on ne répéta cette opération que vers le dixième jour, parce que la terre avait conservé assez d'humidité. Vers le quinzième, on aperçut çà et là quelques plantes de riz; mais au vingtième, lorsqu'on réitéra l'arrosement, il se trouvait déjà tout germé. Dans les compartiments où l'on avait semé à la volée les plantules s'élevaient ici en grand nombre, là plus clair-semées, ce qui doit être attribué en partie à la manière de semer, et en partie au hasard. Dans ceux où le riz avait été semé par fosses, elles poussaient plus régulièrement, et là où il avait été planté par sillons et à la main, il en sortait un grand nombre correspondant à la quantité de grains.

On continua à arroser le riz une fois par semaine jusqu'aux premiers jours de juin; alors on en ôta toutes les herbes étrangères, à l'exception d'un petit compartiment où elles étouffèrent entièrement le riz. Le mois suivant, les plantes croissaient bien dans les endroits où elles étaient en petit nombre, mais elles s'étouffaient presqu'entr'elles dans les endroits où elles étaient serrées. On les enleva pour les replanter ailleurs plus clair-semées : cette opération est très-praticable si on la fait lorsque les plantes ont quatre à cinq pouces de hauteur, et vers le soir, la veille du jour où l'on veut arroser. On renouvela le sarclage des herbes au commencement de juillet, et les chaleurs augmentant vers le milieu de ce mois, on fut obligé, vu la sécheresse des plantes, d'arroser tous les quatre jours. Cependant deux des petits compartiments ne furent arrosés que tous les huit jours, et dans ceux-là les plantes étaient chétives, ne donnaient que des épis maigres et en petit nombre, et des graines qui ne parvenaient pas à leur maturité, tandis que tout le reste prospérait, et surtout les plantes qui se trouvaieut sur les bords élevés des compartiments du semis à la volée, où le riz paraissait croître bien mieux.

Il faut observer qu'il y eut six jours de pluie environ dans les mois d'avril et de mai, quatre dans le mois de juin, et autant dans le mois d'août, et que les arrosements furent presque toujours suspendus pendant la durée de ces pluies.

Les premiers épis parurent vers la fin de juillet, mais les plantes étaient moins vigoureuses dans les endroits où elles étaient en trop grand nombre, comme dans ceux où elles n'avaient pu recevoir autant d'eau, à cause des élévations accidentelles du terrain. Pendant que les premiers épis mûrissaient, il en poussait d'autres continuellement, ce qui dura pendant les mois d'août et de septembre. Cette simultanéité de maturité et de pousse des épis est d'un grand préjudice aux intérêts du cultivateur.

La récolte en fut faite successivement en coupant les épis à mesure qu'ils étaient parvenus à leur maturité ; non que les semences eussent pu tomber, mais parce que les oiseaux et les fourmis en consumaient une forte partie, et cela dura depuis le milieu du mois de septembre jusque vers le milieu d'octobre, époque à laquelle tout était récolté. La quantité de riz obtenue par cette expérience fut de 412 livres, ce qui équivaut à 51 pour 1 ; mais le produit en a été bien plus considérable, si l'on tient compte du dégât fait par les oiseaux, des parties mal semées, et d'une quantité assez considérable dissipée par les fourmis.

Quelques onces de riz avaient été semées dans un champ contigu aux précédents, mais sans le tremper auparavant dans l'eau commune comme on avait fait pour le reste. Il commença à germer au bout d'un mois environ, et d'ailleurs les plantes ne différaient en rien des autres.

Deux autres livres furent semées au château royal de Sagana, le 15 avril de la même année, parmi des arbustes à fruits, plantés à une distance convenable, dans un terrain exposé et incliné vers le midi, mais montueux, léger et plutôt calcaire. On observa la même diversité de méthode dans la division des terres, dans la manière d'ensemencer, dans le sarclage et dans l'arrosement. La terre avait été labourée en automne, et une seconde fois au commencement d'avril sans aucun engrais. On obtint les mêmes résultats, seulement avec la différence que le produit fut à raison de 20 pour 1.

Une très-petite quantité de ce riz fut semée en novembre de la même année, près de Boccadifalco, dans un terrain calcaire, argileux, sec et léger ; et une autre petite portion dans un terrain pareil à celui qui avait servi au printemps, dans l'espérance que si ce riz poussait pendant l'hiver, il aurait pu réussir parfaitement et donner un bon produit en épargnant une grande partie des arrosements. Cependant les semences ne poussèrent point durant l'hiver, ni au retour du printemps. On avait laissé aussi à cet effet une petite portion des plantes de la semaille du printemps, qui étaient restées vertes après la récolte, mais elles périrent entièrement aux premiers froids qui survinrent.

Ayant obtenu l'année précédente une récolte aussi bonne et aussi abondante, on étendit cette culture dans le but de pouvoir l'observer plus en grand, et d'avoir une quantité suffisante de riz pour pouvoir la distribuer aux propriétaires du royaume, conformément aux vues bienfaisantes de sa Majesté. Ayant remarqué qu'il était superflu de planter dans des fosses, et par sillons, on sema à Boccadifalco, à la volée, 70 livres de riz sec dans un champ d'environ dix *tomolos* siciliens d'étendue, sans arbres, contigu à celui de l'année dernière : on suivit la même méthode, on le divisa de la même manière, et le terrain était de la même nature. On l'ensemença vers le 20 avril, parce que la saison était fort arriérée, et l'on fit tremper le riz pendant 24 heures dans l'eau avant

de le semer. Ce champ, qui avait servi l'année précédente à la culture du blé, fut préparé par un labourage en automne et un autre en mars, après y
avoir mis un peu de fumier ; et ce dernier labourage se fit peu de jours avant le semis. On ne put
observer aucune règle pour les arrosements, attendu que le printemps de cette année fut très-
froid et pluvieux, de manière que l'on n'eut
presque pas besoin d'irrigation. Les plantules commencèrent à pousser environ 20 jours après, et
comme il y eut des pluies toutes les semaines,
jusqu'à la mi-juin, elles conservèrent la même
force de végétation jusqu'à cette époque ; mais
celles qui étaient clair-semées et celles qui se trou-
vaient sur les bords paraissaient toujours dans
un plus grand état de prospérité. Lorsque les
pluies eurent cessé, on arrosa le terrain une fois
par semaine, et deux des compartimens ne furent
arrosés qu'une fois tous les quinze jours. Les plantes de ces derniers paraissaient ne pas souffrir au
commencement, mais elles devenaient languissantes à mesure que les chaleurs augmentaient.
Prévoyant alors les mêmes résultats que l'année
précédente, on arrosa toutes les plantes indistinc-
tement tous les huit jours. Quelques épis poussèrent çà et là à cette époque, et vers le milieu de
juillet, et à mesure que les plantes se dévelop-
paient, elles paraissaient un peu languissantes, ce
qui fit voir la nécessité d'arroser deux fois par semaine. De nouveaux épis poussèrent pendant tout

le mois d'août, vers le milieu duquel plusieurs étaient déjà parvenus à leur maturité; et alors aussi reparut l'inconvénient de la maturité successive des semences, quoiqu'il ne fût pas aussi pernicieux que l'année précédente.

Le surplus de la culture a été à-peu-près semblable au produit de l'année précédente, et les expériences faites cette année avec d'autres petites quantités de riz dans des terrains de différentes qualités, les uns plantés d'arbres, et les autres nus, avec différentes manières de sarclage, ont offert les mêmes résultats. Le sarclage fut effectué trois fois en cinq mois, et l'on observa cette année qu'il est nécessaire de faire cette opération partiellement dans des champs étendus, attendu que l'herbe croissait plus promptement dans quelques endroits que dans d'autres.

Vers la mi-septembre, il ne tomba que peu de pluie, et l'on fut obligé de continuer l'irrigation pendant tout le reste de ce mois ; dans les premiers jours d'octobre, les épis étant, pour la plupart, parvenus à leur maturité, on commença à couper le riz là où il était nécessaire ; et vers le 10 dudit mois, la moisson se trouva entièrement terminée. Il est vrai que par ce procédé on obtint des semences d'égale maturité, mais la récolte est plus dispendieuse. D'un autre côté, comme les graines restent attachées aux épis sans tomber, on peut effectuer la moisson plus tard, et tout-à-la-fois lorsque la saison et les autres circonstances sont favorables. Nous aurions pu faire la même chose ; mais les dégâts occasionés par les oiseaux, et surtout par les fourmis, étaient considérables, car celles-ci rongeaient les pédicules des épis, et occasionaient la chute des graines qui n'étaient pas encore parvenues à leur maturité. Il est cependant bon d'avertir ici que les arrosements fréquents, s'ils ne détruisent pas entièrement cet inconvénient, le diminuent beaucoup dans les endroits qui y sont sujets.

La quantité de riz récoltée fut de 3,850 ( obtenue en semant seulement 70 livres à la volée ), ce qui donne un produit d'environ 55 pour 1.

M. Dominique Landi sema, le 26 avril 1825, au château royal de Caserta ( d'après les notices suivantes qu'il m'a communiquées ), six livres dudit riz, provenant de Milan, dans une partie de champ de 5 pas, faisant 18062 palmes et demie, carrées de Naples. Ce champ n'était pas planté d'arbres, la terre était profonde, de bonne qualité et d'une nature volcanique, comme le sont ordinairement les plaines de Caserta. Vers le milieu de février de cette année, le terrain fut profondément bêché et engraissé ; ces deux opérations furent ensuite répétées au commencement de mars ; et comme la terre était devenue très-aride, faute de pluie, elle fut bien arrosée deux jours avant l'ensemencement. Le riz fut mis dans l'eau pendant 24 heures, et la manière de semer fut la même que celle que l'on observe ordinairement dans la terre de labour où l'on sème du maïs pour les fourrages, savoir : en faisant de petits sillons avec une bêche destinée à cet effet, répandant les graines à la main au fond de ces sillons, et les recouvrant ensuite avec un rateau à dents de fer pour aplanir la terre ; mais au lieu de laisser ce terrain d'une seule pièce, il fut divisé en compartiments entourés de petites digues pour pouvoir les arroser commodément.

Le riz commença à germer le 2 mai, et la terre paraissait avoir besoin d'être arrosée, ce qui eut lieu pour la première fois le 5 dudit mois, et cette opération fut régulièrement répétée depuis tous les huit jours excepté lorsqu'il pleuvait. Le sarclage des herbes fut fait à la fin de mai, à la fin de juin et au commencement d'août.

Les premiers épis parurent au milieu de juillet, et on commença la récolte des plus mûrs vers la fin d'août, en les faisant égrainer à la main sans les couper à la base, pour ne pas endommager ceux qui n'étaient pas encore mûrs. On continua ainsi la récolte jusqu'au commencement d'octobre ; alors tout le riz fut coupé de la manière usitée pour le maïs.

Le produit que l'on obtint fut 160 livres, mais il aurait été au-delà de 200 si les taupes, les oiseaux et les fourmis ne l'avaient beaucoup diminué ; de manière que l'on peut en évaluer le produit seulement à 27 pour 1.

Vers la fin de cette année, on assigna pour cette

culture une partie de champ sans arbres et de la même qualité que celui de l'année dernière, ayant 18 pas, ou 29025 palmes carrées de Naples. La terre fut labourée et engraissée une seule fois dans le commencement de février, et on la laissa reposer jusqu'au 13 avril; le 14, on la prépara en la piochant de nouveau, en ôtant toutes les herbes qui étaient poussées, et on y sema 20 livres de riz sec que l'on avait fait tremper dans l'eau pendant vingt-quatre heures, de même qu'on l'avait pratiqué l'année précédente. Deux jours après survint un vent du nord très-froid, accompagné de fortes gelées; cet accident occasiona la perte d'environ la moitié du riz semé, et retarda le reste de 22 jours; car il ne commença à germer que le 6 mai, au lieu que l'année précédente il n'y eut que 6 jours d'intervalle entre le semis et la germination.

La saison ayant été très-froide, et accompagnée de pluies, le premier arrosement fut effectué le 5 juillet, le second le 27, le troisième le 16 août, et le dernier le 25 septembre.

L'herbe fut extirpée du champ vers la fin de mai, au 20 juin, à la fin de juillet et à la mi-août, et ce terrain fut nettoyé de nouveau au commencement de septembre; mais cette opération aurait dû être effectuée plus tôt, attendu que la saison froide et pluvieuse accélérait la pousse des mauvaises herbes.

Les premiers épis parurent vers le 9 août; on

commença la récolte des plus mûrs à la mi-septembre, et elle fut continuée successivement, comme l'année précédente, jusqu'à la fin d'octobre. On crut convenable de laisser les plantes sans les faucher, pour savoir jusqu'à quelle époque de l'année les semences parviendraient à leur maturité, et de nouveaux épis continuaient à pousser lorsque des gelées et des vents du nord étant survenus, les plantes se séchèrent, et les grains restèrent en partie vides, et en partie ne parvinrent pas à maturité.

Voyant qu'environ la moitié du riz semé était perdue par suite des gelées, on voulut essayer une autre expérience, et l'on sema en conséquence le 18 mai quatre autres livres de riz sec, dans un terrain pareil à celui qui avait servi pour les expériences précédentes : ce terrain avait trois pas ou 4,837 palmes et demie carrées de Naples. Ce riz germa au bout de sept jours, sans qu'aucune plante parût languir. Il est nécessaire d'observer en outre que lorsque ce riz ainsi semé une seconde fois eut été soigné de la même manière que le premier, il germa avec plus de force; les épis se développèrent quatre ou cinq jours plus tôt, et produisirent le double des épis semés en avril.

Le produit obtenu cette année par les vingt-quatre livres a été de deux cent huit livres, ce qui fait environ huit pour un, récolte bien moins considérable que celle de l'année dernière, mais qui aurait certainement été plus abondante si la saison avait été plus régulière, et si les gelées n'en avaient détruit la majeure partie. La qualité du riz était pareille à celle de l'année précédente.

M. Landi ayant des propriétés aux environs de Carinola, dans un terrain humide et presque marécageux, et d'une qualité tout à fait différente de celui de Caserta, voulut essayer au printemps dernier quel serait le résultat de la culture du riz sec de la Chine dans ce terrain. En conséquence il en fit semer deux livres le 20 mai, après avoir préparé la terre comme on opère pour le maïs; on aperçut au bout de quinze jours quelques plantules de riz clairsemées qui végétaient lentement, et étaient chétives et maigres; et aussitôt que les herbes (qui sont extrêmement vigoureuses en cet endroit) commencèrent à s'élever, le riz fut entièrement étouffé; et même après le sarclage, il ne put reprendre sa vigueur ni fournir d'autres épis.

Une petite quantité du même riz, qui fut distribuée à quelques propriétaires, a présenté à peu près les mêmes résultats, et l'on s'est assuré par des expériences que le riz semé dans un terrain marécageux peu distant de la mer, ou défriché depuis peu, a mal réussi. Le riz a toujours été perdu lorsqu'il est survenu des gelées après les semailles.

Il est superflu de parler de la manière de battre et de monder le riz sec de la Chine, attendu que ces deux opérations sont absolument semblables à celles qu'on pratique pour le riz ordinaire.

Le riz récolté à Boccadifalco est blanc, d'une consistance cornée et pareil aux graines dures : celui de Caserta a quelques points farineux, et il est plus friable; de manière que celui de Boccadifalco, comparé à celui d'Amérique, offre la même différence qui existe entre les grains durs et les grains friables, mais le riz de Caserta diffère peu de celui qui se cultive près de Castellamare : voici la différence que l'on a remarquée entre le riz sec et le riz américain : celui-ci a besoin de moins d'eau pour mûrir; il croît moins, est plus blanc et plus farineux, mais a moins de saveur; le riz sec au contraire exige plus d'eau et plus de temps pour germer; il croît plus haut, a plus de saveur et est plus nutritif, comme tous les grains durs le sont en comparaison des grains friables.

On peut déduire les conséquences suivantes de tout ce qui a été exposé ci-dessus :

1° Il est nécessaire de faire tremper le riz dans de l'eau commune pour qu'il germe plus facilement, et pour qu'on puisse séparer les semences mûres de celles qui, n'étant pas parvenues à leur maturité, restent après la tige; car il s'en trouve beaucoup par suite de leur croissance successive.

2° Il est inutile de semer le riz sec de la Chine en automne ou aux premiers jours d'avril, surtout dans les lieux qui sont exposés aux gelées du printemps, attendu que lorsque ces gelées arrivent, il est hors de doute que le riz est perdu; il vaut mieux semer vers le 15 ou 20 mai dans les endroits sujets à cet inconvénient; alors on ne risque pas de le perdre, et lorsque l'on sème dans une saison aussi avancée, cela ne nuit en rien à la récolte. L'on voit que la culture de cette plante ne convient pas aux pays froids et montagneux de l'intérieur du royaume, où l'on est exposé aux gelées blanches pendant tout le courant dudit mois.

3° Il est impossible de fixer de règle pour les époques des arrosemens. La nature du terroir, des saisons et du climat doit servir de base pour les régler. A Caserta, il a suffi d'arroser tous les huit jours pendant l'été; et en Sicile on a été obligé de faire cette opération tous les quatre jours. On peut donner comme règle générale qu'en Sicile et sur les côtes de la Calabre et de la Basilicata il suffit d'arroser tous les huit jours, lorsque le riz n'a pas encore germé, ou se trouve en herbe, et tous les quatre jours lorsque les plantes sont en fleur ou en fruit. Et à Naples, ainsi que sur les côtes de l'Abbruzze, tous les quinze jours pendant cette première époque, et tous les huit jours pendant la seconde; les irrigations doivent être plus fréquentes lorsque les épis commencent à se développer; et enfin on en reconnaît facilement la nécessité à la sécheresse de la plante, et à la couleur des feuilles jaunissantes.

4° Il est de nécessité absolue d'extirper les mauvaises herbes; on ne saurait trop recommander cette opération qui fréquemment pratiquée assure une excellente récolte, et qui, négligée au contraire, occasione la perte totale et certaine des plantes de riz.

5° La manière de semer ce riz à la volée est la plus convenable et doit être préférée à toutes les autres, pour son utilité, son économie et sa facilité. L'arrosement peut s'effectuer quelques jours avant de semer les terres légères, lorsque la saison est sèche ; mais, pour les terres argileuses et dures, et dans les saisons pluvieuses, il vaut mieux arroser après avoir semé. La quantité de riz nécessaire pour chaque *tomolo*, équivalant à 21,316 palmes carrées de Sicile, peut s'évaluer de sept à huit livres et de 28 à 30 livres pour chaque *moggio* de Naples, équivalant à 48,375 palmes carrées de Naples, attendu qu'il vaut toujours mieux qu'il soit clair-semé.

6° La terre la plus convenable pour cette culture est plutôt l'argileuse que la calcaire, et par conséquent la même que l'on préfère pour les graines dures. Les terres qui ont été inondées peu de temps auparavant et celles qui sont marécageuses et voisines de la mer, ainsi que les champs plantés d'arbres, ne valent rien pour cet objet.

7° Les préparations des terrains destinés à la culture du riz sec de la Chine sont les mêmes que pour le riz ordinaire et pour le maïs. On peut labourer, bêcher ou piocher les terrains suivant leurs différentes qualités ; et les frais qu'entraîne un peu d'engrais sont plus que compensés par l'abondance de la récolte. Il est nécessaire

de diviser le terrain en grands compartiments sé-
parés par des digues qui doivent servir de ca-
naux en même temps. Ces compartiments doivent être subdivisés en d'autres plus petits pour
faciliter les irrigations de la même manière que
cela se pratique pour le riz commun, avec la seule
différence que l'eau ne devant pas séjourner sur
les terres, mais seulement les baigner, les petites
digues qui séparent les compartiments n'ont pas
besoin d'être aussi élevées.

8º Un des grands inconvénients de cette plante
est que les semences ne parviennent que successivement à leur maturité. Cependant, dans les terrains où les oiseaux et les fourmis ne causent point
de dégâts, comme les semences restent attachées aux
épis, on peut faire toute la moisson d'un coup lorsqu'elle est parvenue à peu près à sa maturité, et
non pas successivement comme nous avons été
obligés de le faire pour les raisons ci-dessus men-
tionnées.

9º L'irrigation nécessaire pour ce riz étant la
même que pour la bonne culture du maïs, il s'en
suit que l'on pourrait cultiver le premier avec un
plus grand avantage dans plusieurs des endroits
employés à la culture du maïs, où la quantité
d'eau, la qualité du terrain et du climat le per-
mettent.

10º Ce riz n'ayant pas besoin d'une eau stag-
nante pour être cultivé, n'a pas les mêmes inconvénients que le riz commun pour la santé des

cultivateurs et des habitants voisins des rizières. C'est pourquoi l'on pourrait très-bien entreprendre la culture de cette espèce de riz dans les parties de nos provinces où l'on a prohibé l'autre pour cause de salubrité ; et comme son produit est très-considérable, il pourrait ranimer cette partie de la population qui est tombée dans la misère par suite de cette prohibition. La culture du riz sec de la Chine offre encore un autre avantage, c'est qu'il n'a besoin d'être arrosé que de temps en temps ; et qu'ainsi, dans les endroits où la nature des lieux le permet, on pourrait cultiver un terrain d'une étendue double et triple de celle d'un champ semé de riz ordinaire, avec la même quantité d'eau.